タカ・ハヤブサ類
飛翔ハンドブック

山形則男 著

文一総合出版

各部の名称・用語解説

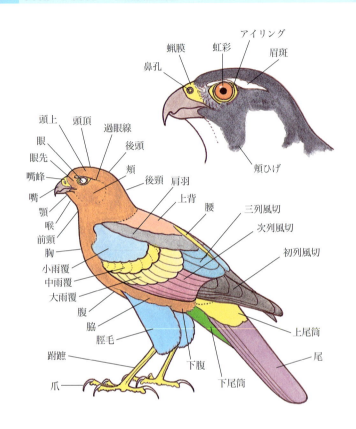

体の各部に関する用語の解説

アイリング 眼瞼の周りにある縁取り。

虹彩（こうさい） 瞳（ひとみ）の周りの膜。タカ類の種や年齢を知る際に役に立つが、個体変異が見られることがある。

眉斑（びはん） 眼の上にある眉状の帯のこと。

蝋膜（ろうまく） 上嘴の基部を覆う、ふくらんでいる部分。タカ類やハト類などにある。

頬髭（ほおひげ） ハヤブサ類のみに見られる、眼の下から頬にかけて伸びる黒っぽい模様のこと。ハヤブサ髭とも呼ばれる。

そのう 飛んでいるタカ類を横や下方から見ると、胸がふくらんでいるのを見かけることがある。これは食べた

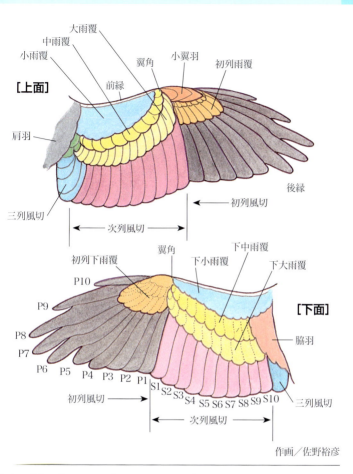

作画／佐野裕彦

りを一時的に蓄えておく「そのう」とう器官がふくれているためで，食後もないことを示している。
P21-6, P27-6 の写真参照。

翼先分離 (よくさきぶんり) タカ科の鳥は翼を大きく開くと，翼先の風切の数枚が指状に分離する。この分離している枚数は，タカの種によって決まっているので識別に役立つ。ところが，ハヤブサ科の鳥はほとんど分離しない。

横帯 (おうたい) 各羽の横斑が連続して，帯状に見える模様のこと。この横帯が翼にある場合は「翼帯」，尾に見られるときは「尾の横帯」または「テールバンド」と呼ばれる。

横斑 (おうはん) 羽軸に対し直角に伸びる斑。

縦斑（じゅうはん）　羽軸に対し同じ方向に伸びる斑。

全長（ぜんちょう）　鳥を仰向けに寝かせて，嘴の先から尾の先までを測定した値。これは誤差があるのでおおよその目安である。

翼開張（よくかいちょう）　翼開長とも書く。翼の前縁をまっすぐ伸ばした両翼の先から先までの長さ。これも全長同様測定には誤差をともなう。

事故換羽したオオタカ

年齢に関する用語解説

幼羽（ようう）　巣立ってから，最初に部分換羽が始まるまでの羽毛。

幼鳥（ようちょう）　全身幼羽に覆われた鳥。

第1回冬羽（だいいっかいふゆばね）　生まれてから初冬を迎えた段階で，幼羽と異なる羽毛が混じっている鳥のこと。

第1回夏羽（だいいっかいなつばね）　第1回冬羽から換羽が進み，春に新たに得られた羽毛を身につけた鳥。

第2回冬羽（だいにかいふゆばね）　第1回夏羽からさらに換羽が進み，翌冬までに得られた羽衣の鳥。その後，第2回夏羽，第3回冬羽……と続くが，第2回冬で成鳥と区別のつかないタカもいるし，成鳥になるまでに5年以上かかるタカもいる。

換羽（かんう）　一定の順序で羽毛が抜け替わることだが，例外として，何らかの事故で羽毛が抜け落ちた後に，自然換羽より早く生える**事故換羽**もある。

飛翔に関する用語解説

帆翔（はんしょう）　上昇気流を利用して翼と尾を広げたまま旋回しながら高度を上げる飛び方。ソアリングともいう。

滑翔（かっしょう）　羽ばたかないで，滑るように飛ぶこと。

停空飛翔（ていくうひしょう）　羽ばたきながら，空中の一点にとどまる「ホバリング」と，羽ばたかずにとどまる「ハンギング」がある。これらはいずれも獲物を狙うときに行う。

ホバリングするケアシノスリ

ディスプレイフライト　縄張りの誇示や求愛のための特殊な行動。その方法はさまざまで，急降下や急上昇をしたり，追いかけ合うような行動が見られる。

飛翔中のタカを見分けるにはどうしたらよいか？

細かい識別ポイントは，各頁の写真のキャプションに出ているので「飛翔中の見た感じ」が他種とどう異なるのか，いくつかの目の付け所を書いてみた。参考にしていただきたい。

大きさで見分ける

大きさを知ることは，タカの種類を探る上で重要である。しかし，大空を飛んでいるタカを見て，その大きさを正確に知ることは（近くに大きさを知っている鳥がいて比較できない限り）大変難しい。そこでよく使われているのは「物差し鳥」としてトビ，カラス，ハトの大きさを頭の中に描きながら，「トビより大きい」とか「カラスより小さいが，ハトよりは大きい」などと，大きさをイメージする方法がある。しかし，これはあくまでも目安。目測を誤ると大変な間違いを起こすことになりかねない。

形で見分ける

翼 「ミサゴのように細長い」
「ノスリのように幅が広く，先端に丸みがある」
「ハヤブサ類のように先端が尖っている」
「クマタカのように翼の後縁（特に次列風切）がふくらんで見える」
「オジロワシのように翼後縁が直線的だ」
など。翼の特徴をよく見よう。これは種を同定するのに役に立つ。

尾 「ミサゴのように短い」
「チョウゲンボウのように長い」
「尾の先がトビのように凹んで見える」
「ハイタカのように角張っている」
「オオタカのように丸味がある」
「オオワシのように長くてくさび形」
など，尾の形の特徴も観察しよう。

体形
「チゴハヤブサのように胴が細くスマートに見える」
「ノスリのように太くがっちり見える」
「ハチクマのように頭が小さい」
「ノスリのように頭が大きく見える」など，そういった印象も頭にいれておこう。

翼先分離

用語解説でも書いたように，タカ科の鳥は翼を全開したとき，指先のように開く風切の枚数が決まっている。例えばハイタカ類では，アカハラダカが4枚，ツミが5枚，ハイタカとオオタカでは6枚である。しかし，野外で飛んでいるタカの風切の枚数を数えるのは至難の業。写真に撮れば翼を全開にしていなくても同定できる。ただし，この枚数は欠落や，換羽中の状態によってはよく見ないと誤ることがある。

風切羽と体下面や尾の模様

タカ類の風切羽や尾羽には帯状に見える模様があることが多い。これを翼帯とかテールバンドというが，その太さや数，色合いなどは，種や年齢，性別を知る手がかりとなる。また，胸，腹，脇などの模様の違いや，それに体下面に目立った斑がない場合も，タカ類を識別するときに役に立つ。

顔の色と虹彩の色

タカ類に限らないが，人も鳥もびっくりするくらい近くで見ることがある。こんな時，「タカの顔が白っぽかった」「黒かった。あるいは灰色だった」「目立った眉斑があった」「虹彩の色が黄色く精悍だった」「暗色で可愛かった」などなど……。これらも，年齢や性別を知る手がかりとなる。

飛び方

トビは滑翔の時，翼の先の方が少し垂れ下がるが，ハチクマはほぼ一直線になり，チュウヒは浅いV字形になる。スピード感もその種によって異なるが，状況によって使い分けているので普段からよく観察しよう。

ミサゴ *Pandion haliaetus*

大きさ トビとほぼ同大。
特徴 翼は細長く,上面は暗褐色で下面は白い。
飛び方 ゆっくりと羽ばたいて飛び,ときどき滑翔を交える。狩りのときは水面の上空で停空飛翔もする。
見られる場所 魚を捕食するため,海岸,湖沼,川などの水辺やその近くでよく見かける。

←①成鳥

雌雄ほぼ同色。上面は暗褐色で,頭部と体下面が白く,過眼線から後頸に黒帯がある。
(2007.1 豊橋市)

←②♂成鳥(上面)

頭上が白く,背と翼上面は暗褐色。尾も暗褐色だが,外側尾羽に暗褐色と淡色の横縞がある。
(1993.6 青森県)

←③♂成鳥

下面は全体に白く,翼先と翼角,下雨覆の後縁が暗褐色。雄の胸の暗褐色部は淡く,狭い傾向がある。
(2006.4 山口県)

Pandion haliaetus **ミサゴ**

▶④♀成鳥
上，下面とも雄と同色だが，雌の胸の斑は広く濃い傾向がある。(2006.4 山口県)

↑⑤第2回冬（下面）
次列風切の羽先は丸味を帯びているが，大雨覆は幅広く暗褐色になっている。(2006.12 豊橋市)

→⑥幼鳥（上面）
幼鳥の背や雨覆の各羽には淡色の羽縁がある。外側尾羽には暗褐色と淡色の横縞が目立つ。(1993.3 豊橋市)

→⑦♂幼鳥
ホバリングをしている。幼鳥の下面は成鳥とよく似ているが，次列風切の各羽の先端は均一で尖っている。(1987.1 福岡市)

ハチクマ *Pernis ptilorhynchus*

大きさ ハシブトガラスより大きい。
特徴 上面は褐色か黒褐色だが、下面は白から茶色、さらに黒っぽいものまでさまざま。また、体下面に縦斑や横斑のあるものや、無斑のものもいる。長く幅の広い翼に長めの尾をもつ。飛翔時、頭部が翼の前縁から長く突き出す。
見られる場所 北海道から九州に夏鳥として渡来。春と秋には各地で渡りが見られる。

←①♂成鳥
雄成鳥の頭部は、体色の違いにかかわらず灰色部が多く、虹彩は暗褐色、赤褐色、赤色など。雌の虹彩は黄色。幼鳥は暗色。(2005.7 愛知県)

↑②♂成鳥(上面)
上面は暗褐色。尾に黒くて太い横帯が2本。風切には2〜4本の横帯が見える。(2012.5 伊良湖岬)

↑③♂成鳥
淡褐色の下面に褐色の横斑。尾の2本の黒い横帯と、翼後縁の横帯も太い。(2007.6 長野県)

Pernis ptilorhynchus **ハチクマ**

→④♂成鳥
体下面と下雨覆は淡褐色で，不明瞭な褐色の斑がある。次列風切の内側は摩耗している。頭は灰色。
(2005.9　白樺峠)

↑⑤♂成鳥
④に似ているが，翼後縁は色が淡く細い。淡褐色の体下面には同じような横斑があるが，胸に褐色の縦斑がある。P4が伸長中。(2006.9　白樺峠)

↑⑥♂成鳥
下面は淡褐色で，脇羽と体下面に粗い褐色の横斑。胸には褐色の不規則な縦斑がある。(2006.5　対馬)

ハチクマ *Pernis ptilorhynchus*

←⑦♂成鳥
体下面と下雨覆は暗褐色で灰白色の横斑がある。虹彩が赤いがその原因は不明。P が伸長中。(2006.9 白樺峠)

↑⑧♀成鳥
体下面と下雨覆は褐色で、目立つ斑はない。風切の横斑と尾の横帯は細いタイプ。P5が伸長中。(2006.9 白樺峠)

↑⑨♀成鳥
体下面と下雨覆は褐色で、頸から胸に黒褐色の細い縦斑がある。下雨覆は無斑。翼先は暗色がかる。(2008.7 幸田町)

Pernis ptilorhynchus **ハチクマ**

→⑩♀ 淡色の体下面に褐色の横斑。脇羽にも褐色の横斑。胸には暗褐色の細い縦斑。一見成鳥ぽいが、ろう膜と口角に黄色味が残り、虹彩は黄褐色。翼先も暗色がかる。
(2006.5 対馬)

→⑪♀成鳥（下面）
体下面と下雨覆は淡褐色で、暗褐色の横帯がある。P6 が伸長中。
(2011.10 伊良湖岬)

→⑫幼鳥
暗褐色の雨覆の各羽先に淡褐色の羽縁がある。ろう膜と嘴の基部は黄色く、虹彩は暗色。
(2010.11 伊良湖岬)

ハチクマ *Pernis ptilorhynchus*

←⑬幼鳥
幼鳥の黄色いろう膜と，嘴の基部は飛翔中でもわかる。風切の横斑は目立つタイプ。翼先は黒くつぶれている。
(2006.10　伊良湖岬)

↑⑭幼鳥
体下面と下雨覆は茶褐色で，体下面に淡褐色の横斑がある。風切と尾の横斑は不明瞭なタイプ。
(2006.10　伊良湖岬)

↑⑮幼鳥
体下面に褐色の横斑と，胸から腹にかけて暗褐色の縦斑がある。下雨覆は褐色。ろう膜と嘴の基部は黄色く，虹彩は暗色。
(2001.9　白樺峠)

Pernis ptilorhynchus **ハチクマ**

→⑯♂成鳥
体下面と下雨覆は白く、胸と脇羽に不明瞭な横斑。下雨覆に黒っぽい横斑。このように白いタイプの雄成鳥はまれである。
2006.9 白樺峠）

→⑰♀成鳥
白っぽい体下面の脇と脇羽に横斑。胸から腹に汚れたような斑。風切と尾の横斑は細い。翼先の分離が5枚しか見えないのは、P5が伸長中のため。
2002.9 白樺峠）

→⑱♀成鳥（下面）
体下面と下雨覆は灰白色で、褐色の斑がある。虹彩は黄色。P5が伸長中。
2011.9 白樺峠）

ハチクマ *Pernis ptilorhynchus*

←⑲♂第3回夏
尾の2本と風切の後縁た
太い横帯で, 虹彩は赤衫
色だが, 翼先が暗色で
ろう膜と嘴の基部も黄白
く若いことを示唆してい
る。
(2005.5 舳倉島)

←⑳♀第3回春
頭部から体下面と下雨覆
は白い。脇に褐色の横斑
側頸に小斑, 胸から腹に
うっすらと縦斑。下腹に
淡褐色の横斑。
(2010.5 田原市)

←㉑幼鳥
胸から腹にわずかに縦斑
はあるが, 頭部から体下
面と下雨覆が真っ白に見
える。翼先は黒い。
(2002.11 田原市)

Pernis ptilorhynchus ハチクマ

→㉒幼鳥
淡黄褐色の体下面に，暗褐色の縦斑，脇羽には横斑。風切の横斑は横帯状になり明瞭。
(2006.10 伊良湖岬)

→㉓幼鳥
頭頂から後頸は黒く，喉からの体下面と下中雨覆は灰白色で，脇と中雨覆と大雨覆は褐色味を帯びている。風切と尾に細い横帯がある。(2010.10 伊良湖岬)

㉔♂成鳥
体下面と下雨覆は一様に暗褐色。尾の横帯は黒くて太い。外側尾羽は伸長中。
(2006.9 白樺峠)

→㉕♂成鳥
黒褐色の体下面と下雨覆に白い小斑。尾の横帯が揃っていないのは，換羽中のため。P4 は伸長中。(2006.9 白樺峠)

ハチクマ　*Pernis ptilorhynchus*

←㉖♂成鳥
頭部は灰色で，体
面と雨覆は暗褐色
体下面と下雨覆に
色の横斑がある。
(2012.9　白樺峠)

←㉗♂成鳥
頭部は灰色。体下面
と雨覆は暗褐色で
色の斑がある。P5
尾羽に伸長中の羽
ある。
(2006.9　白樺峠)

←㉘♀成鳥
体下面は暗褐色で
細い軸斑がある。
雨覆は暗褐色だが
斑。頭部は灰黒色
頸が黒い。ろう膜
灰黒色。虹彩は黄
色。P5が伸長中。
(2006.9　白樺峠)

Pernis ptilorhynchus **ハチクマ**

↑㉙♀成鳥
暗褐色の体下面と脇羽に淡褐色の細い横斑。風切には欠損や換羽中の羽があるため，翼先の分離数が少なく見える。虹彩は黄色。(2006.9　白樺峠)

↑㉚♀成鳥
体下面と下雨覆は暗褐色で，灰色の斑がある。採食後間もないため胸が膨らんでいる。P5と中央尾羽に伸長中の羽がある。
(2011.9　白樺峠)

㉛♀成鳥
体下面と下雨覆は暗褐色。虹彩は黄色く，風切の横帯は細い。P5が伸長中。(2012.9　白樺峠)

ハチクマ *Pernis ptilorhynchus*

㉜♀第3回春
頭上から頸は黒く,顔は灰色。体下面と下雨覆に暗褐色の斑がある。翼先は黒い。
(2013.5 伊良湖岬)

↑㉝幼鳥
暗褐色の体下面と下雨覆に淡褐色の斑がある。嘴の基部が黄色,翼先は暗色。
(2005.10 伊良湖岬)

↑㉞幼鳥
顔に灰色味があり,尾の3本の横帯が幼鳥にしては太く明瞭。しかし,翼先が暗色で,ろう膜と嘴基部も黄色い。風切の後縁もそろっているので幼鳥と思われる。
(2006.10 伊良湖岬)

Aegypius monachus クロハゲワシ

大きさ 巨大なワシ類。
特徴 全身黒褐色で,頭部は黒い皮膚が露出し,頸の羽毛は長く襟巻状になる。翼は幅広く長い。尾は短い。
飛び方 上昇気流に乗って長時間帆翔し続けるらしい。
見られる場所 日本には冬,山間の農耕地や川原にまれに渡来する。

→①幼鳥 日本最大のタカ。全身暗褐色で,眼の周囲と耳の後縁に肉色の皮膚が裸出している。(1983.1 城里町)

↑②幼鳥 上面は一様に黒褐色で嘴の基部のみ肉色。ハシブトガラスと一緒に飛んでいるので大きさがよくわかる。翼開長は3m近くになる。(1983.1 城里町)

→③幼鳥 下面も一様に黒褐色で,嘴と頬のところと,足の肉色が目立つ。(1983.1 城里町)

トビ *Milvus migrans*

大きさ ハシブトガラスよりずっと大きい。
特徴 翼と尾が長い，暗褐色のタカ。翼下面の翼先近くの白斑とバチ形の尾が特徴。
飛び方 大きく輪を描くように帆翔したり，ゆっくりと羽ばたいてから滑翔したりして，長時間飛んでいることがある。
見られる場所 各地で周年見られる。

↑①成鳥
雌雄同色。全体に赤味がかった暗褐色。目のまわりは黒褐色。目も暗色のため目の位置がわかりにくいことがある。尾は長く凹形。
(2008.1　田原市)

↑②成鳥（上面）
背や雨覆の各羽に淡褐色の羽縁がある。翼の前縁から頭部の突出は少ない。バチ形の尾と風切に細かく不明瞭な横斑がある。(1989.3　羽咋市)

↑③成鳥
下面からは，外側初列風切基部の白斑が目立つ。体下面と下雨覆の前半は赤褐色で，下雨覆の後半は暗褐色。尾は閉じると凹形，少し開くとバチ形になる。
(1996.12　阿寒町)

↑④第2回春
(2010.1　田原市)

Milvus migrans **トビ**

↑⑤第1回春
(2012.5 伊良湖岬)

↑⑥第3回冬? 体下面と下雨覆は茶褐色だが，成鳥に比べると赤味が少ない。体下面に白っぽい縦斑。下大雨覆に白っぽい羽縁。広げた尾はバチ形。(2003.2 阿寒町)

↑⑦幼鳥（上面） 幼鳥の翼上面と背には，白っぽい羽縁が目立つ。この幼鳥は巣立って間もないのか，各尾羽の先が尖っている。(2002.9 福江島)

↗⑧幼鳥 幼鳥は赤味がなく，上下面とも暗色。その翼下面の外側初列風切の基部に成鳥と同様白斑が出る。体下面には白っぽい縦斑。この個体は腹から尾の基部まで退色し，黄褐色になっている。(1986.10 伊良湖岬)

オジロワシ *Haliaeetus albicilla*

> **大きさ** トビよりずっと大きいワシ類。
> **特徴** 成鳥の尾は白い。翼の前縁と後縁はほぼ平行。
> **飛び方** ゆっくり羽ばたいてまっすぐ飛ぶ。また，ほとんど羽ばたかないで輪を描くように帆翔もする。
> **見られる場所** 多くは冬，北日本の海岸，川，湖に渡来し，関東以西は少ない。

←①成鳥
雌雄同色。頭頸部は淡褐色だが，体の後半は暗褐色。尾は白くて短い。
(2006.3 羅臼町)

↑②成鳥（上面）
次列風切の後縁が大きく膨らむオオワシと違って，オジロワシは翼の前縁と後縁がほぼ平行。
(2000.1 阿寒町)

↑③成鳥
頭頸部は淡褐色で体の後半と下雨覆は暗褐色。風切は黒褐色。尾は白い。嘴と足は黄色。翼先は7枚に開く。
(2000.2 阿寒町)

Haliaeetus albicilla **オジロワシ**

↑④第5回冬
頭頂部は淡色で嘴，ろう膜，虹彩は黄色いが，P5〜9が旧羽。また白い尾の先には暗色が残っている。
(2006.3 釧路市)

↑⑤第4回冬？
頭頸部は暗褐色の胴と明瞭に異なり淡色。嘴も黄色いので，第5回冬と思われる。しかし，白い尾の各羽に黒い縁取りがあるので第4回冬かも？（2003.2 羅臼町)

↑⑥第3回冬？
体下面と下雨覆は褐色。中雨覆の白色は連なって白線状に見える。嘴は，嘴峰は黒いが，黄色部が多くなり，虹彩の色も淡褐色になっているので第3回冬と思われる。(2003.2 羅臼町)

↑⑦第2回冬？（上面）
頭部から背，雨覆はほぼ一様な褐色で風切は暗褐色。背，中雨覆に淡色の羽縁がある。嘴峰は黒い。
(2006.3 阿寒町)

オオワシ *Haliaeetus pelagicus*

> **大きさ** 大形のワシ類で、オジロワシより大きい。
> **特徴** 黒い体に翼前縁の白と、長くてくさび形の白い尾、黄色く大きな嘴が目立つ。
> **飛び方** ゆっくり羽ばたいて飛び、ときどき滑翔を交える。
> **見られる場所** 冬、主に北日本の海岸、川に渡来し、ほかの地域では少ない。

←①成鳥
雌雄同色。全身黒っぽい体に、額、小雨覆、脛毛、尾の白色と、嘴と足の黄色が目立つ大型のワシ類。
（2006.3　羅臼町）

←②成鳥（上面）
翼の後縁が大きくふくらんでいる。頸が長く、そのうえ嘴が巨大なため、頭部の突出は際立っているように見える。
（2002.2　羅臼町）

←③成鳥
黒い下面に、翼の前縁と脛毛、尾の3か所が白い。それに巨大な嘴と足の黄色が、このワシの美しさを引き立てる。
（2000.2　羅臼町）

Haliaeetus pelagicus **オオワシ**

↑④第3回冬（上面）
小雨覆に白い小斑がたくさん混じり霜降り状。尾，上尾筒には暗色部が残り，次列風切の内側に2枚だけ幼羽が残っている。(2003.2 羅臼町)

↑⑤第2回冬
次列風切は内側数枚を除いて幼羽のまま。中雨覆の白色と初列風切の白色とがつながって，遠目には白線が折れ曲がっているように見える。この点，同所がまっすぐに見えるオジロワシとの識別点になる。(1987.2 羅臼町)

←⑥幼鳥　顔が黒く，虹彩が暗褐色。嘴に褐色味がある。尾に黒斑が多い点などから幼鳥と思われる。そのうが膨らんでいる。(1986.2 羅臼町)

カンムリワシ *Spilornis cheela*

←①成鳥
雌雄同色。上面は暗褐色で小さな白斑がある。下面は茶褐色で汚白色の小さな斑がある。頭上は黒く白斑がある。後頭に短い冠羽がある。
(2001.4 石垣島)

②成鳥→
多くの個体は虹彩が黄色だが、暗色のものもいる。
(2000.4 西表島)

大きさ 小形のワシ類で、トビより小さい。
特徴 成鳥は翼と尾に黒と白の太い帯が目立つ。また褐色の体に細かい斑点が並ぶ。幼鳥は白っぽい。
飛び方 繁殖期にはよく飛ぶが、他の時期はあまり飛ばないで木などに止まっていることが多い。
見られる場所 日本では西表島と石垣島だけに生息する。

←③成鳥（上面）
上面は暗褐色で背や雨覆の各羽の先に白っぽい羽縁がある。尾には黒褐色の太い横帯が2本。
(2003.4 石垣島)

←④成鳥
翼の後縁に丸みがあり、2本の黒褐色の横帯が目立つ。眼先と眼のまわり、虹彩は黄色。まれに虹彩が暗色の個体もいる。
(2003.4 石垣島)

Spilornis cheela **カンムリワシ**

⑤第1回夏
頭から頸と肩羽に暗色の羽が生えてきた。風切は幼羽のままであり、暗色の細い横帯が3本ある。(2003.4 石垣島)

↑⑦ディスプレイフライト
つがいで「フィーッ,フィーッ」と鳴きながら、翼を反らせて旋回する。ランデブー飛翔。
(2008.4 石垣島)

⑥第1回夏
下面は全体に白く,胸と脇,下雨覆,頸毛,下尾筒に褐色の横斑。風切はP2が伸長中で,ほかは幼羽。(2002.4 石垣島)

チュウヒ *Circus spilonotus*

大きさ 雌はハシブトガラスくらいの大きさのタカ。

特徴 色彩に個体差が大きい。上面が褐色で風切と尾に横帯があるもの，褐色で風切や尾に横帯がないもの，頭部と背が黒く下面が白いものなどがある。

見られる場所 代表的なヨシ原のタカで，少数は国内で繁殖し，冬は大陸からも飛来する。

←①♂成鳥
頭，雨覆，風切などの上面は暗褐色。体下面は上半身が白っぽく，暗褐色の縦斑がある。下半身は一様に暗褐色。虹彩は雄は黄色，雌は暗褐色か黄色。幼鳥は暗褐色。(2006.12　田原市)

↑②♂成鳥（上面）　頭と背，小雨覆が褐色。翼先は黒っぽく，小翼羽，初列雨覆，風切は青灰褐色で暗色の横斑がある。腰は白く中央尾羽は青灰色で目立つ斑はない。外側尾羽は褐色。(2005.2　田原市)

↑③♂成鳥（上面）
頭部と背，小雨覆，風切などは②とほとんど変わらないが，腰の白斑は小さい。中央尾羽は青灰色。外側尾羽は褐色で，暗褐色の横斑がある。
(2007.3　田原市)

Circus spilonotus **チュウヒ** 29

④♂成鳥（上面）
風切の上面は青灰色
で，下面は次列風
切の内側までが淡色
で，暗色の横斑が目
立つ。体下面は淡褐
色で，暗褐色の縦斑
がある。脛毛は暗褐
色。虹彩は黄色。
(2006.12 河北潟)

⑤♀成鳥
体下面の上半身は淡褐色で，褐色の縦斑
がある。下半身は一様に褐色。初列風切
に不明瞭な横斑。次列風切は黒っぽく無
斑。虹彩は黄褐色。(2006.12 浜松市)

↑⑥♀成鳥
体下面は全体に茶褐色で，胸に淡
褐色の小斑。下中雨覆と下大雨覆
も茶褐色。風切は⑤とよく似てお
り，次列風切が黒っぽく無斑。虹
彩は黄色。(2007.11 田原市)

チュウヒ *Circus spilonotus*

↑⑦♂幼鳥（上面）
頭部と肩羽がクリーム白色であり、この淡色部が小さいのが雄幼鳥の特徴。背と小雨覆は褐色。小翼羽、初列雨覆と風切は暗褐色で無斑。腰は淡褐色。虹彩は暗褐色。（1993.11　田原市）

↑⑧♀幼鳥
淡褐色を帯びた淡色部が頭部から胸までと、翼下面では小・中雨覆までおよんでいる。この淡色部の範囲が広いのは雌幼鳥の特徴。
（2007.3　西尾市）

←⑨♀幼鳥
白っぽい淡色部は広く、頭部、胸、下雨覆の大部分と初列風切の基部までおよんでいるので、雌の幼鳥。虹彩は暗色。
（1986.3　草津市）

Circus spilonotus チュウヒ

⑩大陸型♀成鳥
体下面と下雨覆に淡褐色で褐色の縦斑。下雨覆と下尾筒に横斑がある。風切と尾は全体に灰色で不明瞭な横帯。腰は白い。(2006.11 田原市)

↑⑪大陸型♀成鳥。
体下面と下雨覆は淡褐色。体下面に暗褐色の縦斑。脇は暗褐色で淡褐色の小斑がある。風切は全羽に灰黒色の横斑がある。(2010.1 西尾市)

⑫大陸型♀成鳥
顔部は灰褐色。体下面と下雨覆は褐色。風切は灰色で暗色の横帯。尾は淡褐色で暗色の横帯が4本。腰は褐色。(2008.3 西尾市)

↑⑬大陸型♂成鳥
顔は灰黒色の「顔黒タイプ」。風切の上面は青灰色で横斑があり、初列風切の多くは黒い。体下面と下雨覆は淡色で褐色の斑がある。(2013.3 西尾市)

チュウヒ　*Circus spilonotus*

↑⑭大陸型♂成鳥（上面）
背と雨覆は暗褐色。外側風切は黒く，ほかの風切と小翼羽，初列雨覆は青灰色で，暗褐色の横斑がある。尾は青灰色で無斑。⑮と同一個体。
（2006.12　浜松市）

↑⑮大陸型♂成鳥
体下面と下雨覆は白っぽく，褐色の縦斑がある。脇羽に横斑。風切は外側初列風切が黒く，ほかは白っぽく，多くの羽先に黒斑がある。このタイプは北海道の一部でも繁殖しているので，大陸型と呼ぶのは不適切かもしれない。
（2006.12　浜松市）

←⑯大陸型♂成鳥
頭頂部は暗褐色で，体下面と下雨覆は白く，初列風切の先は黒い。
（2008.1　弥富町）

→⑰大陸型♂成鳥

頭部から頸と小雨覆の上面も暗褐色で, ほかの体下面は白い。翼下面は翼先が黒いほかは白い。風切と尾の上面は淡灰色。この個体は6年以上も羽色に変化がなかった。
(2008.1 弥富町)

→⑱大陸型♂成鳥

体下面と翼下面は白く, 翼先の黒色部は広い。頭頸部の黒色は胸の縦斑とつながる。ろう膜と虹彩と足は黄色。⑲と同一個体。
(1987.12 国分市)

→⑲大陸型♂成鳥 (上面)

頭頸部と背, 小雨覆の大部分と外側風切が黒く, ほかは灰色で腰は白い。このタイプはマダラチュウヒ雄と間違えられることがある。
(1987.12 国分市)

チュウヒ　*Circus spilonotus*

↑⑳ **大陸型第 2 回冬**
頭頂から体下面と下雨覆は淡色で，茶褐色の縦斑がある。風切は翼先がやや暗色で，全体に褐色の横斑がある。(2011.1　西尾市)

↑㉑ **大陸型第 2 回冬**
⑳と同一個体。風切と中央尾羽は淡青灰色で，茶褐色の横斑がある。(2011.12　西尾市)

↑㉒ **大陸型幼鳥**
虹彩は暗灰色で，頭頂から胸と下雨覆は淡色に暗褐色の斑があり，胸から下は暗褐色。
(2011.1　田原市)

↑㉓ **大陸型幼鳥**
頭頂部から背と雨覆は淡色で，暗褐色の斑がある。灰褐色の尾に，わずかに横斑がある。(2011.1　田原市)

Circus cyaneus ハイイロチュウヒ

> **大きさ** 雌はハシボソガラスくらいでチュウヒより小さい。
>
> **特徴** 雄は頭部と上面が灰色で下面は白い。雌は幼鳥に似ており褐色で，風切と尾に横帯がある。上尾筒は白い。
>
> **飛び方** 翼をV字形に保ってゆっくり飛んだり，滑翔しながら早く飛ぶ。
>
> **見られる場所** 冬，ヨシ原や農耕地に少数が渡来する。

→①♂成鳥

雄成鳥は頭部と上面が灰色で，体下面が白く，初列風切が黒い。虹彩は雌雄ともに黄色，幼鳥は暗色。ただし，雄の第1回冬羽では黄色い個体もいる。(1993.2 鍋田干拓)

■②♂成鳥（上面）
上面は全体に灰色で，翼先が黒く，肩羽と背に褐色の羽縁がある。腰は白い。
(2007.3 田原市)

↑③♂成鳥
白い下面に外側初列風切の黒が目立つ。風切の後縁に暗色帯がある。頭から胸は灰色。
(2007.3 田原市)

ハイイロチュウヒ *Circus cyaneus*

↑④♀成鳥（上面）
上面は全体に暗灰褐色で腰が白い。風切と尾には黒褐色の横帯がある。虹彩は黄色い。
（1990.3　五條市）

↑⑤♀成鳥
体下面は淡褐色で，暗褐色の縦斑がある。腰は白い。風切の下面には明瞭な黒褐色の横斑がある。
（2006.12　諫早市）

↑⑥♂第2回冬
黒い翼先以外の上面は全体に灰色だが，風切・大中雨覆の羽先は暗褐色。
（2010.12　西尾市）

↑⑦♀第2回冬
大雨覆や中雨覆の羽先は淡色で，虹彩は黄色くなっている。腰は白い。（2007.3　田原市）

Circus cyaneus **ハイイロチュウヒ**

↑⑧♂第1回冬（上面）
中央尾羽が灰色の成羽になっている。第1回冬のこの時期に成羽への換羽は早すぎるように思われるので事故換羽かもしれない。また，背，肩羽に灰色の羽が見える。
(撮影：藤目仲生　2008.2　西尾市)

↑⑨♂第1回冬
虹彩が黄色く，雌成鳥とよく似ている。しかし，この個体は同時に見られたほかの幼鳥よりも一回り小さかったので，雄の第1回冬と思われる。(1989.1 五條市)

↑⑩幼鳥（上面）
上面は褐色で腰が白い。雌成鳥によく似ているが虹彩は暗褐色である。
(1993.2　鍋田干拓)

↑⑪幼鳥
体下面も翼下面も雌成鳥とよく似ているので，虹彩以外で成鳥か幼鳥かを判定するのは困難である。
(1993.2　鍋田干拓)

マダラチュウヒ　*Circus melanoleucos*

大きさ ハイイロチュウヒより小さく，日本産チュウヒ類中最も小さい。
特徴 雄成鳥は黒と白と灰色で，翼上面に黒い錨模様がある。雌成鳥は褐色で，青灰色の風切と尾に明瞭な横帯をもつ。
飛び方 アシ原の上を，羽ばたきと滑翔を交えて飛ぶ。
見られる場所 日本には渡りの途中，まれに渡来。

←①♂成鳥
雄は頭部から胸と背が黒く，雌は頭部と背が暗褐色。体下面は雌雄とも白いが，雌には暗褐色の縦斑がある。
(1988.8　藤岡町)

↑②♂成鳥（上面）
頭部から背と肩羽，雨覆の後半に連なる黒色がいかり形に見える。翼先は黒く，ほかの風切と尾は灰色。P5は欠落。(1988.8　藤岡町)

↑③♂成鳥
下面は頭部から胸と初列風切をのぞいて白い。②とは同一個体だがP5が欠落直前のものである。(1988.8　藤岡町)

Circus melanoleucos マダラチュウヒ

→④♀成鳥（上面）
上面は頭部と背，雨覆の後半が暗褐色で，雄同様いかり形に見える。風切は青灰色で黒い横斑が横帯状にある。尾も青灰色で暗褐色の横帯が4〜5本ある。
（1989.6 豊川市）

↑⑤♀成鳥（上面）
翼上面に暗褐色のいかり形の模様が出る。風切と初列雨覆と小翼羽と尾は青灰色で，黒褐色の横斑がある。（1989.6 豊川市）

↑⑥♀成鳥　体下面と下雨覆はバフ白色で暗褐色から褐色の縦斑がある。風切下面は灰白色で暗褐色の横斑がある。腰は白い。④と同一個体。（1989.6 豊川市）

→⑦幼鳥
頭部と下雨覆，下尾筒は茶褐色。風切上面は暗灰褐色で，初列風切に不明瞭な横斑がある。下面の風切は灰白色で褐色の横帯が4〜5本あり目立つ。
（撮影：所崎聡
2002.11 国分市）

ハイタカ属の見分け方

ハイタカ類の似たもの同士の識別について

ハイタカ類はお互いによく似ていて，その識別に迷うことがある。その中でも特によく似た組合せをいくつか取り上げ，その識別ポイントを紹介しよう。

翼先分離は6対

風切の横斑が淡い

オオタカ♂

オオタカ雄とハイタカ雌

オオタカの成鳥にもっともよく似ているのはハイタカ雌である。

形　オオタカの方が大きいが，体の小さいオオタカの雄と体が大きいハイタカ雌では，大きさだけで識別するのは難しい。オオタカの方が頭が小さく，翼の前縁からの頭の突出が大きい。尾の先端は，オオタカでは丸味があり，ハイタカでは角張る。

色・模様　体下面はオオタカの横帯は細く，間隔が狭いため，オオタカのほうが白っぽく見える。初列風切の横斑はオオタカのほうが数が多く，コントラストは弱い。初列風切の内側と次列風切の横斑は，オオタカは不明瞭で，ハイタカは明瞭である。

ハイタカ♀

翼先分離は6対

頬まで暗色

風切の横斑は明瞭

ツミ♀

翼先分離は5対

ツミ雌とハイタカ雌およびハイタカ幼鳥

ハイタカのほうが大きいが、ツミ雌とハイタカ雄ではほぼ同サイズである。尾はハイタカよりツミの方が短く、胴が太い傾向がある。

色・模様 ツミの頭の暗色部は頬まであり、頭巾をかぶったように見えるが、ハイタカの暗色部は目のすぐ下までで、頬は白っぽい。ツミの喉には1本の縦斑がある。体下面の横斑はハイタカのほうが細く狭い傾向があるが、ハイタカの幼鳥ではツミ雌に似た横斑をもつもの（p32③）もいる。風切の横斑はツミの方が数が多く、コントラストが弱い傾向がある。

ハイタカ幼鳥とツミ幼鳥

ハイタカのほうが頭が小さく、胴が細く、尾が長い傾向がある。しかし、小さいハイタカと大きなツミでは、大きさだけでなく体形も酷似しているので要注意。ハイタカの体下面には、ツミ雌に似た横斑のある個体が多いが、ツミ幼鳥と酷似したものもいる。

ツミ幼鳥とアカハラダカ幼鳥

大きさはよく似ているが、アカハラダカのほうが翼が細長く、翼先が尖って見える。

色・模様 アカハラダカ幼鳥の翼先は暗色だがそうでない個体もいる。しかし、アカハラダカの下雨覆を見ると無斑で、暗褐色の斑が密にあるツミとは明らかに異なる。風切の模様の数はツミの方が多い。

ハイタカ幼鳥 / 翼先分離は6対

ツミ幼鳥 / 喉に1本の縦斑 / 翼先分離は5対

アカハラダカ幼鳥 / 喉に1本の縦斑 / 翼先分離は4対 / 下雨覆に斑はない

アカハラダカ *Accipiter soloensis*

> **大きさ** キジバトより少し小さい。
> **特徴** 成鳥は翼の先が黒く，下雨覆は成鳥幼鳥ともほとんど無斑。飛翔形はサシバに似る。
> **飛び方** 羽ばたきと滑翔を交互に行い，直線的に飛ぶ。
> **見られる場所** 秋と春，主に九州西部と南西諸島で群れをなして渡るのが見られる。ほかの地域ではまれ。

←①♂成鳥
雌雄とも上面は暗青灰色。下面は赤褐色で，腹以下は白い。虹彩は雄では暗赤色で，雌と幼鳥は黄色。
(1989.9 国頭村)

←②♂成鳥（上面）
上面は暗青灰色で翼先は黒い。虹彩は暗赤色。
(2010.9 烏帽子岳)

←③♂成鳥
胸と下雨覆は淡い赤褐色を帯びるが，一見白っぽく見える。翼先は黒くよく目立つ。
(2012.5 舳倉島)

Accipiter soloenis **アカハラダカ**

④♂成鳥
体下面は白いが，胸から上と下雨覆は淡い橙色を帯びる。翼先は黒い。
(2010.9　烏帽子岳)

↑⑤♀成鳥
胸と下雨覆は淡橙色を帯び，翼先は黒いが内側に暗色の横斑が残っている。虹彩は黄色。
（2010.10　烏帽子岳）

⑥♀第3回秋
体下面と下雨覆羽は雄より濃い淡赤褐色。頭部は暗青灰色で，黄色い虹彩が目立つ。初列風切に横斑が見える。
(2000.9　多野岳)

↑⑦♀第3回秋
体下面と下雨覆は♂より濃い赤褐色で虹彩は黄色。しかし風切に横斑があるので，第3回秋かもしれない。(2010.9　烏帽子岳)

アカハラダカ　*Accipiter soloenis*

⑧♂第 2 回秋（上面）
P8 と次列風切の多くに
幼羽が残る。
（2009.10　伊良湖岬）

⑨♂第 2 回秋
⑧と同一個体。P8 と次
列風切の多くに暗色の横
斑（幼羽）が残る。
（2009.10　伊良湖岬）

⑩♀第 2 回秋
頭部は灰色で虹彩は黄
色。体下面の上半身と下
雨覆は橙褐色で，初列風
切には無斑の羽がある。
（2010.9　烏帽子岳）

Accipiter soloenis **アカハラダカ**

→⑪幼鳥（上面）
頭上と後頸は黒く，翼上面と背は暗褐色。中・大雨覆と上尾筒の羽先に細い淡褐色の羽縁がある。尾には暗褐色の横帯が4本。
2010.9　諫早市)

→⑫幼鳥
胸に暗褐色の縦斑，腹に褐色の横斑がありツミ幼鳥に似ているが，翼はツミよりも長く，翼先も尖っている。捕食後間もないため，そのうが膨れている。翼先が暗色がかっている。
2006.9　対馬)

→⑬幼鳥
体下面の暗褐色の縦斑はツミに似ているが，下雨覆はツミと異なって無斑。風切の横斑の数はツミより少なく，淡色部と暗色部のコントラストは大きい。翼先の分離数は6枚。
2000.9　多野岳)

ツミ *Accipiter gularis*

大きさ 雄はヒヨドリ大の日本最小のタカ。
特徴 翼先の初列風切は指状に5枚開き，ハイタカ属の他種とは異なる。
飛び方 羽ばたきと滑翔を繰り返しながら飛ぶ。
見られる場所 平地や山地の林で繁殖し，多くは渡るが，少数は冬も見られる。

←①♂成鳥
雄の上面は暗青灰色で，雌は褐色味がある。雄の体下面は胸から脇が淡橙褐色で，雌は暗褐色の横斑がある。虹彩は雄は暗赤色で雌と幼鳥は黄色。
(2008.6 北本市)

←②♂成鳥（上面）
体上面は暗青灰色で，後半は青灰色。尾に暗青灰色の横帯が3本ある。
(2006.11 田原市)

←③♂成鳥
体下面は淡橙色。下雨覆に横斑があり，アカハラダカとは異なる。虹彩は暗赤色でろう膜とアイリングは黄色。②と同一個体。
(2006.11 田原市)

Accipiter gularis **ツミ**

④♀成鳥
体下面と下雨覆に暗褐色の横斑が密にある。尾羽を広げると,外側尾羽を除いた尾羽に暗褐色の横帯が3本見える。(2008.4 田原市)

⑤♂第2回冬
虹彩は暗赤褐色で,成鳥のようだが,体下面と下雨覆に暗褐色の横斑がある。(2011.11 伊良湖岬)

⑥幼鳥(上面)
背と翼上面は暗灰褐色で,各羽に淡色の羽縁がある。顔には細長い淡色の眉斑があり,黄色いアイリングがある。(2007.7 田原市)

→⑦幼鳥
胸に暗褐色の縦斑,腹に横斑がある。喉の中央に1本の縦斑が目立つ。風切と下雨覆に横斑がある。(2007.10 田原市)

ハイタカ *Accipiter nisus*

大きさ キジバトくらいの大きさ。
特徴 飛翔時, オオタカやツミより細身で尾が長く, スマートに感じる。
飛び方 羽ばたきと滑翔を繰り返しながら飛ぶ。
見られる場所 北日本では山地と平地, 本州中部では山地で繁殖。冬は全国の山地や平地で見られる。

←①♂成鳥
雄の上面は暗青灰色で雌は褐色味のある個体が多い。雄の頬から脇は褐色で, 胸から腹に橙色の横斑が密にある。目は雌雄ともに黄色いが雄では橙色を帯びた個体もいる。
(1992.12 三沢市)

←②♂成鳥（上面）。
頭部は黒っぽく, 顔から胸は橙褐色で, 上面は灰色。初列風切と尾の上面に灰黒色の横帯がある。
(2011.11 伊良湖岬)

←③♂成鳥
頬と胸が橙褐色で, 体下面と下雨覆に橙褐色の横斑。雄の初列風切の横帯は太く, 間隔が開いている個体が多い。
(2006.3 角島)

Accipiter nisus **ハイタカ**

→④♂成鳥
頭上は暗青灰色で，頬から胸は橙色。胸の下から腹に橙色の横斑がある。風切には暗色の横斑があり，尾の暗色横帯は太い。
(2010.11 伊良湖岬)

→⑤♀成鳥
上面は雄同様に青灰色だが，目は黄色く，白い眉斑がある。
(2012.11 伊良湖岬)

→⑥♀成鳥
下面と下雨覆に細かい横斑が密にある。翼先の分離数は6枚。尾は角尾。
(2006.3 角島)

ハイタカ *Accipiter nisus*

⑦♀成鳥（下面）
頭上は黒っぽく，白い眉斑がある。体下面と下雨覆は細かい暗褐色の横斑が密にある。風切と尾にも暗色の横斑がある。（2007.12 伊良湖岬）

⑧♀成鳥（下面）
前頸から体下面と下雨覆には細い横帯があり，風切と尾には暗色の横帯がある。（2011.10 田原市）

⑨♀第2回春（上面）
上面は全体に褐色味を帯びた青灰色で，風切と尾に暗褐色の横帯がある。（2010.4 伊良湖岬）

Accipiter nisus **ハイタカ**

→⑩♂第2回春
体下面と下雨覆に暗褐色の横斑，風切に暗灰色の黄斑が並ぶ。採食後間もないため胸が膨らんでいる。(2010.4 伊良湖岬)

→⑪幼鳥（上面）
頭には白い眉斑が明瞭。翼上面は暗褐色で，雨覆と上尾筒の各羽に淡褐色の細い羽縁がある。尾は長く，黒褐色の横帯が4本見える。
(2007.11 田原市)

→⑫幼鳥（上面）
上面は暗褐色で，風切と尾に淡色の羽縁と暗褐色の横斑がある。白い眉斑がある。
(2012.1 豊橋市)

ハイタカ *Accipiter nisus*

←⑬幼鳥
体下面はツミ幼鳥に似て胸に暗褐色の縦斑，腹に横斑があるタイプ。尾は角張っており，閉じていると，横帯は下面からは3本見える。
(2005.11　田原市)

←⑭幼鳥
体下面はバフ白色で，胸に褐色の三日月斑，腹に横斑。下面からでも尾を開くと4本の暗褐色の横帯が見える。(2005.1 田原市)

←⑮幼鳥
全体に茶色味の強い個体。腹の茶褐色の横斑は粗い。胸は三日月斑。尾の上面も茶褐色味があり，暗褐色の横帯が4本
(2006.10　田原市)

Accipiter gentilis **オオタカ** 53

> **大きさ** ハシブトガラスくらいの大きさ。
> **特徴** 翼は短めで尾は長い。成鳥は下面が白く見える。幼鳥は体下面と下雨覆が淡黄褐色。
> **飛び方** 速い羽ばたきと滑翔を交互に行い、直線的に飛ぶ。
> **見られる場所** 北海道から本州で繁殖し、冬は低山から平地の林、湖沼、川原などにも現れる。

→①♂成鳥
翼上面は暗青灰色で、体下面の横斑は途切れているので老鳥と思われる。
(2009.2 我孫子市)

→②♂成鳥（上面）
翼上面は暗青灰色で、太い眼帯から後頸が黒い。初列風切に不明瞭な横帯がある。
(2008.1 浅羽町)

→③♂成鳥
白っぽい体下面は胸から下方に細い横斑。風切の横斑は、翼先の5枚を除いて不明瞭。飛翔時、側面から見ると、白くて長い下尾筒が巻き上がって、腰が白く見える。②と同一個体。
(2008.1 浅羽町)

オオタカ *Accipiter gentilis*

④♂第3回夏（上面）
背，雨覆，風切，尾は暗青灰色の成羽と褐色の羽が入り混じっている。体下面に横斑があったので第3回夏。
(2006.7　帯広市)

←⑤幼鳥（上面）
尾は開くと丸尾になり，暗褐色の横帯が4本見えるが，1本は基部にあるため，下面からは3本しか見えない。次列風切の後縁にふくらみがある。
(2007.10　伊良湖岬)

←⑥♀幼鳥
体下面と下雨覆は黄褐色で，暗褐色の縦斑がある。胴は太く，尾は頑丈に見える。中央尾羽は突出している。
(2006.11　田原市)

Accipiter gentilis **オオタカ**

→⑦**幼鳥**
体下面と下雨覆は黄褐色で，暗褐色の縦斑があるが，脇に事故換羽のような痕跡がある。
(2010.11　伊良湖岬)

→⑧**幼鳥**
体下面と下雨覆は白っぽく，体下面に黒褐色の縦斑，下雨覆に横斑がある。
(2008.11　田原市)

→⑨**亜種シロオオタカ？ 第1回夏**
体が太く大きい。全体に褐色味に乏しく白っぽい。体下面には暗褐色の縦斑に混じって下腹に横斑がある新羽が生え，第1回夏羽を示している。亜種チョウセンオオタカの可能性もある。
(2006.6　旭日岳)

サシバ *Butastur indicus*

大きさ ハシボソガラスくらいの大きさ。
特徴 翼が長く,全体に赤褐色。腹の斑は成鳥で横斑,幼鳥では縦斑。
飛び方 ゆっくりとした羽ばたきと滑翔を繰り返しながら飛ぶ。
見られる場所 青森県以南に夏鳥として渡来し,秋には各地で大きな渡りが見られる。

↑①♂成鳥　雌雄ほぼ同色。白い眉斑は雌では多くの個体に見られるが,雄では不明瞭な個体が多い。胸の茶褐色部は,雄はほぼ一様で,雌は淡色斑がある。（2002.7　岡崎市）

↑②♂成鳥（上面）　翼上面は赤褐色。顔の灰色の範囲は広い。眉斑は淡く小さい。尾に暗褐色の横帯が3本。（2006.9　白樺峠）

↑③♂成鳥
顔の灰色部は広い。胸に暗褐色の小斑が密にあり,つぶれているように見える。喉は白く,中央に黒褐色の縦斑が1本ある。（2006.10　伊良湖岬）

↑④♀成鳥
胸は暗褐色の横斑状であり,つぶれているように見えない。顔の灰色は少なく,白い眉斑は長い。
（1997.9　伊良湖岬）

Butastur indicus **サシバ**

↑⑤幼鳥（上面）
上面は茶褐色で，大雨覆，中雨覆に淡色の羽縁がある。尾の横帯は4本。（2012.5　渥美半島）

↑⑥幼鳥
体下面と下雨覆は淡黄褐色。体下面には暗褐色の縦斑がある。虹彩は暗褐色。（2006.9　伊良湖岬）

↑⑦暗色型成鳥
体下面と下雨覆は一様に暗褐色。尾にはやや太い暗褐色の横帯が3本。虹彩は黄色。（2006.9　白樺峠）

↑⑧暗色型幼鳥
体下面と下雨覆は暗褐色で，風切と尾の横帯は細く，尾の先端だけがやや太い。（2006.9　伊良湖岬）

ノスリ *Buteo japonicus*

> **大きさ** 雌はハシブトガラスより少し大きめの、ずんぐりしたタカ。
> **特徴** 脇と翼角に暗褐色の斑が目立つ。
> **飛び方** ゆっくりと羽ばたき、直線的に飛ぶ。停空飛翔もする。
> **見られる場所** 北海道から九州北部の山地で繁殖し、冬は全国の農耕地や干拓地で見られる。

←①♀成鳥
雌雄ほぼ同色。ノスリの年齢は、虹彩と腹の斑の相違で区別できるが、雌雄はよく似ているため見分けられないことがある。この個体は脇の斑が一様に暗褐色であることと、脛毛に横斑がないことから雌と思われる。
(1993.1 北上川河口)

↑②成鳥(上面)
翼上面は暗褐色で、中・大雨覆各羽の羽縁はバフ白色。風切と尾に細い横斑。風切の後縁と尾の先端は暗褐色の横帯状。(2005.4 竜飛崎)

↑③♂成鳥
成鳥の虹彩は雌雄とも暗色。この個体は脛毛にびっしり横斑があるので、♂と思われる。
(2006.12 川内市)

Buteo japonicus **ノスリ**

↑④♂成鳥 腹と脇の斑は大きく暗褐色だが，その中に細かい横斑，脛毛にも横斑があるので雄と思われる。(2005.12 田原市)

↑⑤♀成鳥 胴体が太く，尾も太く短い。体下面は淡く，脇の斑は小さい。翼角や腹に小さい横斑。しかし，脛毛は無斑なので雌と思われる。(2005.4 竜飛崎)

↑⑥♀成鳥 脇の暗褐色斑は大きく，脛毛には横斑はないので雌と思われる。(2005.4 竜飛崎)

↑⑦♂成鳥 腹と脇に細い横斑があるので雄と思われる。顔から胸は一様に茶褐色だが，このような個体は稀にいる。(2011.9 白樺峠)

ノスリ *Buteo japonicus*

←⑧♀成鳥
腹と翼角の暗褐色斑が大きく、体も大きいので雌と思われる。なお、この個体の脛毛の大部分がオオノスリのように暗褐色であり、体が大きいため大陸系と思われる。
（1992.12　伊豆沼）

↑⑨♀第2回冬
風切の換羽がすすみ、翼後縁は幼鳥のように一様ではない。しかし虹彩は黄色く、脇の斑は一様なので、2回目の冬を迎えた雌と思われる。（2007.12　伊良湖岬）

↑⑩幼鳥
体下面と翼は白っぽい個体。胸に褐色の縦斑。脇と腹に褐色の斑。風切と尾に細かい横斑。（2007.11　田原市）

Buteo japonicus **ノスリ** 61

→⑪幼鳥（上面）
幼鳥の上面は黒味が少ない。次列風切の羽先は均一で尖っている。虹彩は黄白色。
（2007.11 田原市）

⑫幼鳥
幼鳥の多くは換羽をはじめてから渡りはじめる。右翼がP1〜3，左翼はP1，P2が伸長中。
（2011.4 渥美半島）

↑⑬亜種オガサワラノスリ
体下面と下雨覆は淡黄褐色。脇と翼角の斑が小さいことは本亜種の特徴。次列風切と尾に換羽中の羽がある。（2005.9 母島）

オオノスリ *Buteo hemilasius*

> **大きさ** ノスリ類中最大でトビと同大。
> **特徴** 全体に淡褐色か暗褐色で，初列風切と尾の基部が白い。尾に細い横帯が多数ある。
> **飛び方** ゆっくり羽ばたいて飛ぶ。高空で帆翔したり，停空飛翔して獲物を探す。
> **見られる場所** 日本ではまれに西日本の広い干拓地や農耕地で記録がある。

←①第4回冬
雌雄ほぼ同色。雨覆や風切の上面は暗褐色。虹彩は成鳥では暗褐色で幼鳥は黄色。（2007.1　河北潟）

←②第4回冬（上面）
初列風切の内弁は白い。風切全体に横斑。翼後縁と翼先は暗褐色。
（2006.12　河北潟）

←③第4回冬
①～③は同一個体。体下面は淡褐色で脇に暗褐色の横斑。脛毛は暗褐色。下雨覆は褐色味を帯び，風切に暗褐色の横斑。
（2006.12　河北潟）

Buteo hemilasius **オオノスリ**

♀第3回冬
翼開長がトビよりわずかに大きいので，♀と思われる。(2007.1 河北潟)

♀第3回冬
体下面は淡褐色で，脇は暗褐色。翼先は黒く，初列風切の内側（P4）から次列風切に横斑がある。(2006.12 河北潟)

♀第2回夏（上面）
大雨覆，中雨覆，肩羽に暗褐色の羽が見られる。(2006.8 河北潟)

オオノスリ *Buteo hemilasius*

←⑦♂第2回春（上面）
虹彩は黄褐色味を帯
び，外側初列風切の羽
先が傷んでいる。
(2010.3　神栖市)

←⑧♂第2回春
ハシボソガラスよりひ
と回り大きいが，トビ
と同大の♀と比べると
♂の大きさがわかる。
(2010.3　神栖市)

←⑨第1回夏（上面）
初列風切の基部は白斑
状に見える。白い尾に
褐色の細い横帯が多
数。肩羽に暗褐色の成
羽が生えてきた。
(1991.4　川北町)

Buteo hemilasius **オオノスリ**

⑩第1回夏
脇と脛毛は褐色。跗蹠の前面に短い褐色の毛が生えている。この跗蹠の毛はオオノスリの特徴である。⑨と同一個体。(1991.4 河北町)

⑪♂幼鳥
全体に白っぽい個体。初列風切基部の白斑は透けているように見える。脇腹と腹中央に横斑があり、脛毛は暗褐色。
(1985.12 出水市)

⑫第1回春(下面)
尾羽の中央付近の先端は傷んでいるが、風切は幼羽のまま。体の後半は広く暗褐色。(2010.5 河北町)

ケアシノスリ *Buteo lagopus*

> **大きさ** ハシブトガラスより少し大きい。
> **特徴** 白い尾の先に幅の広い黒い横帯がある。跗蹠は白い羽毛に覆われる。
> **飛び方** ゆっくりした羽ばたきで直線的に飛ぶ。帆翔時は翼と尾を大きく広げ、停空飛翔も行う。
> **見られる場所** 冬鳥として、少数が北日本や日本海側の干拓地や川原に渡来する。

←①♂成鳥
雌雄ほぼ同色。喉から胸に黒褐色の斑。脇の黒褐色の羽毛を広げているため見にくいが、腹と側胸に横斑。②③と同一個体。
(2005.1 河北潟)

↑②♂成鳥(上面) 暗褐色の上面。白い尾に、途切れているものを含めて4本の横帯。この尾の横帯は雄では2〜4本、雌では1〜2本。成鳥の虹彩は暗色。(2005.1 河北潟)

↑③♂成鳥
体下面は全体に白い。尾の横帯3本目は不明瞭。翼先と翼後縁、翼角は黒褐色。腹と脛に横帯。
(2005.1 河北潟)

Buteo lagopus **ケアシノスリ**

↑④♂成鳥
体下面と下雨覆には黒褐色の横斑。翼後縁と翼角は暗褐色。尾の黒褐色の横帯は2本。(2005.2 野田市)

↑⑤♀成鳥　腹部の黒褐色部は広く一様で雌を示唆している。翼後縁は黒く, 尾の黒褐色の横帯は1本。(1991.3 河北潟)

↑⑥♀第1回夏　幼鳥は, 模様では雌雄の識別はできないが, この個体は体が大きいため, 頭部が小さく見えるので♀と思われる。肩羽と小翼羽に新羽が生えてきた。(2010.5 河北潟)

ケアシノスリ　Buteo lagopus

←⑦幼鳥（上面）
尾の基部が白い。初列風切の内弁も白い。尾の黒褐色の横帯は太く、基部側がぼけているのは幼鳥の特徴。
(2008.1　田原市)

←⑧幼鳥
体下面の腹部は一様に暗褐色。胸に縦斑。尾の先は幅広く暗色で中に横帯が2本。虹彩は黄色。
(2008.1　河北潟)

←⑨亜種クロケアシノスリ幼鳥
体下面は全体に暗褐色。尾には不明瞭な5本の横帯が見える。下雨覆も褐色味がある。
(撮影：中嶋健二
2008.1　笠岡干拓)

Aquila heliaca カタシロワシ

大きさ トビよりずっと大きく、イヌワシとほぼ同大。

特徴 成鳥は黒い体に後頭が黄褐色で、肩羽の一部が白い。幼鳥や年齢のいかない個体は風切や尾以外は黄褐色で、翼上面に淡色の帯がでる。

見られる場所 日本には冬、広い川原、農耕地などにまれに渡来する。

↑①第6回冬 雌雄同色。後頭から後頸が黄褐色のほかは、全体に黒褐色。しかし、この鳥の和名の由来となった肩羽にはまだ白い羽が生えていない。(1991.1 マイポ)

↑②第4回冬（上面） 風切の多くは黒褐色だが、淡色の羽が残っている。黄褐色の背や雨覆に黒褐色の成羽が混ってきた。上尾筒は白い。(1991.1 マイポ)
↗③第4回冬 黄褐色の体下面や下雨覆に黒褐色の羽が生えてきた。風切の一部に淡色の旧羽が残っている。(1991.1 マイポ)
→④幼鳥 頭部から体下面と下雨覆は淡黄褐色で、褐色の細い縦斑がある。初列風切の内側に淡色の羽がある。幼鳥の上面は雨覆と風切の後縁が淡色で、2本の帯状に見える。(1995.1 川内市)

カラフトワシ *Clanga clanga*

> **大きさ** カタシロワシより小さい。
> **特徴** 成鳥はほぼ全身黒褐色だが，幼鳥や年齢のいかない個体には黒褐色の背や上雨覆に淡色斑が見られる（この斑は年齢が進むと少なくなる）。
> **飛び方** 大きな羽ばたきに滑翔を交えて，まっすぐ飛ぶ。帆翔もよくする。
> **見られる場所** 日本ではめったに見られない。

←①成鳥
雌雄同色。全身黒褐色で，ろう膜と口角が黄色。尾が短いのでずんぐりした体形に見える。
(1999.3　薩摩川内市)

←②成鳥（上面）
全体が黒褐色で，背の中央に小さな白斑がある。この個体は15回目の冬を迎え，上尾筒の先の白色は見えなかった。
(2006.12　薩摩川内市)

←③成鳥
下面は，初列風切基部が淡いほかは全体が黒褐色。嘴基部とろう膜・足が黄色。
(2006.12　薩摩川内市)

Clanga clanga **カラフトワシ**

↑④第6回冬（上面）
風切と尾は黒褐色だが、翼先が傷んでいる。大雨覆の羽先にバフ白色が残っている。上尾筒は白い。
(1997.12 薩摩川内市)

→⑤第6回冬 下面は下尾筒が白いほかは、成鳥とほとんど変わらない。(1997.11 薩摩川内市)

→⑥幼鳥（上面）
暗褐色の上面に、大・中・小雨覆と翼後縁もバフ白色のため、3本の白線となって見える。上尾筒も白い。
(1993.2 薩摩川内市)

→⑦幼鳥
尾先がすり切れているため、短めの尾はさらに短く見える。初列風切の内側に淡色の羽がある。下腹から下尾筒も淡い。
(1993.3 薩摩川内市)

イヌワシ *Aquila chrysaetos*

大きさ トビよりずっと大きいワシ類。

特徴 成鳥は全身黒褐色で後頭が金茶色。幼鳥や年齢のいかない個体は風切と尾の基部が白い。

飛び方 深い羽ばたきと滑翔を交える。ほとんど羽ばたかないで帆翔し続けるのをよく見る。

見られる場所 周年山地に生息し,少ない。

←①成鳥
雌雄同色。全身黒褐色であり,後頭から後頸は金茶色。成鳥の虹彩は黄褐色であり,幼鳥では暗色。
(1989.10 滋賀県)

←②成鳥(上面)
後頭から後頸が金茶色。風切と尾の基部半分は灰色味をおびる。風切の一部に不明瞭な横斑。
(2005.8 滋賀県)

←③成鳥
下面もほぼ全体が黒褐色で,風切の基部はやや淡い。嘴の基部と足指は黄色い。
(2005.8 滋賀県)

Aquila chrysaetos **イヌワシ** 73

→④♀第3回夏
初列風切 P1〜P4 と
大雨覆, 背, 肩羽など
に新羽が見られる。
(2009.5 滋賀県)

→⑤♀幼鳥（上面）
上面は暗褐色で, 風切
と尾の基部の大きな白
斑が目立つ。風切羽の
全てが幼羽で羽先は均
一である。
(1988.8 滋賀県)

→⑥♂幼鳥
全身暗褐色で, 初列風
切の付け根だけ白斑が
小さいのは♂の幼鳥。
(2004.9 滋賀県)

クマタカ *Nisaetus nipalensis*

大きさ 大形のタカでトビより大きい。
特徴 全体が褐色。翼は幅が広く、後縁と翼先に丸味がある。風切と尾に多数の黒い横帯がある。
飛び方 ゆっくり羽ばたき直線的に飛ぶが、滑翔していることが多い。
見られる場所 北海道から九州の山地に周年生息している。

←①♂成鳥
雌雄ほぼ同色。顔は黒く、白っぽい胸に黒褐色の縦斑。腹と脛毛には淡褐色と白色の横斑。尾の暗褐色の横斑は明瞭である。(2008.7 岐阜県)

←②♂成鳥（上面）
褐色の風切に暗褐色の横帯。尾には暗褐色の太い横帯が5本あり、よく目立つ。虹彩は、雄は黄色からオレンジ色（橙色）、雌は黄色から山吹色である。(2006.6 白樺峠)

←③♂成鳥（下面）
顔は黒く、頸から胸に黒い縦斑。体下面は淡色で虹彩は淡橙色。風切と尾に黒い横帯があるが、尾の横帯は太い。(2010.5 岐阜県)

Nisaetus nipalensis **クマタカ**

→④♀成鳥（下面）
体や風切，尾の下面は雄によく似ているが，虹彩は黄色。
(2013.1　愛知県)

→⑤第3回冬（上面）
頭頸部はバフ白色で，背，翼上面，尾は褐色で，風切と尾の横帯は成鳥より細く，尾の横帯は7本。
(2013.2　愛知県)

→⑥第3回冬
虹彩は淡黄色で体下面の黄斑は淡い。風切と尾の横帯は成鳥より多い。
(2013.2　岐阜県)

クマタカ *Nisaetus nipalensis*

←⑦第2回冬
体下面は脇以外には横斑がない。虹彩は淡黄色。
(2013.2　愛知県)

←⑧幼鳥（上面）
頭頸部はバフ白色で，背，翼上面，尾は褐色で，風切と尾の横帯は成鳥より細く，尾の横帯は7本。
(2008.11　岐阜県)

←⑨幼鳥
体下面は白っぽく目立つ斑はない。風切は全て幼羽で均一。風切と尾の横帯は成鳥より間隔が狭く本数が多い。
(2008.11　岐阜県)

Falco tinnunculus **チョウゲンボウ**

> **大きさ** キジバトより少し大きいハヤブサ類。
>
> **特徴** 尾が長いためスマートに見える。雄は頭、上尾筒、尾が青灰色。雌と幼鳥は頭、背、尾が茶褐色。
>
> **飛び方** ひらひら飛び、よく停空飛翔をする。
>
> **見られる場所** 中部以北で繁殖し、冬は全国各地の干拓地、農耕地、草地に渡来する。

→①♂成鳥
雄成鳥は頭部と上尾筒、尾が青灰色。背と雨覆は茶褐色で黒斑がある。雌と幼鳥はよく似ており、頭部から尾までの上面が茶褐色で黒い斑がある。

→②♂成鳥(上面)
頭上と腰と尾は青灰色で、外側尾羽を除く尾羽の先には幅広の黒帯が目立つ。背と雨覆、三列風切、内側次列風切は茶褐色で黒斑がある。
2005.4 河北町)

→③♂成鳥
体下面には黒い縦斑。下腹と下尾筒は淡褐色で無斑。尾の太い黒帯は下面からでも目立つ。ネズミを捕えてきた。
2005.4 河北町)

チョウゲンボウ　*Falco tinnunculus*

→④♂成鳥
体下面は茶褐色，下雨
覆はクリーム色で，三
角形と丸味のある黒い
斑がある。この個体は
雨覆の上面の斑が小さ
かったので，大陸産の
亜種チョウセンチョウ
ゲンボウかもしれない。
(1993.2　鍋田干拓)

⑤♂成鳥
頭から頸は灰色で無斑。
尾も灰色で無斑だが先
に太い黒帯がある。背，
小・中・大雨覆と次列
風切の内側は橙色で黒
い小斑がある。
(2011.11　豊橋市)

→⑥♀成鳥（上面）
背，雨覆は茶褐色で黒
褐色の横斑があり，幼
鳥とよく似ている。し
かし，上尾筒の青灰色
にも黒い横斑があり，
同所が無斑の雄成鳥と
は異なる。
(1987.3　山形県)

Falco tinnunculus **チョウゲンボウ** 79

※幼鳥の雌雄の識別について

雄幼鳥の第1回冬羽は,頭部や背,上尾筒,尾などに成羽が混じっていれば(写真⑧を参照)識別は容易である。しかし,野外では幼鳥の雌雄の識別は困難である。

→⑦♀成鳥

尾は非常に長く,体との比率では日本のワシタカの中で最も長い。尾先の太い黒帯は下面も黒く,ほかにも多数の細い横帯がある。
(1987.3 河北町)

→⑧♂第1回冬(上面)

背,雨覆は茶褐色で暗褐色の斑がある。頭部と上尾筒の灰色は,雄であることを示唆している。尾先の太い横帯は暗褐色。
(2007.1 鍋田干拓)

→⑨第1回冬(上面)

頭上と上尾筒は灰色。背,雨覆,尾は茶褐色で黒い横帯があり,尾の先端は帯は太い。
(2011.2 豊橋市)

チョウゲンボウ *Falco tinnunculus*

⑩♀第1回冬
頭上から背,雨覆は茶褐色。上尾筒は暗色横斑のある灰色で♀成鳥に似るが,頭部に灰色味がない。
(2006.12 河北潟)

←⑪幼鳥(上面)
幼鳥は雌成鳥によく似ているが,この個体は上尾筒に灰色味がないため,幼鳥であることが分かる。雌雄を見分けることは困難である。
(2007.11 田原市)

←⑫幼鳥
体下面は淡黄色で,体下面と下雨覆に暗褐色の斑がある。草地でカマキリを捕らえて運んでいる。
(2006.2 田原市)

Falco amurensis アカアシチョウゲンボウ

大きさ	キジバトくらいのハヤブサ類。
特徴	雄はほぼ全身黒く，雌は上面が暗青灰色で下面は白く縦斑と横斑がある。幼鳥の体下面は縦斑や側面にブーメラン形の横斑があるものなど，個体変異が多い。
飛び方	ひらひら直線的に飛び，ときどき風上に向かって体を立てぎみにしながらホバリングをする。
見られる場所	春と秋の渡りのころ，まれに迷行する。

→①♀成鳥
頭上は黒く，背から雨覆は青灰色で，暗色の波状斑がある。ろう膜とアイリングと足は橙色。爪は白っぽい。
(2010.11　諫早市)

②♂成鳥
体下面と下雨覆は白く，頭部と風切が黒い特徴的な羽色をしている。下尾筒は赤褐色で，ろう膜，アイリング，足は赤橙色。
撮影：橋口範安　2002.10　横島町)

↑③♀成鳥（上面）
上面は，頭上から後頸以外は青灰色で，背と雨覆，大雨覆，次列風切，上尾筒，尾に暗色の斑がある。
(2010.11　諫早市)

アカアシチョウゲンボウ　*Falco amurensis*

↑④♀成鳥
翼下面は灰黒色で白斑が目立つ。翼後縁の灰黒色帯は幅が広い。
(2010.11　諫早市)

↑⑤第2回秋
S1に古い褐色の羽が残っている。
(2010.11　諫早市)

↑⑥幼鳥（上面）
背, 雨覆, 上尾筒, 尾などに淡褐色の斑が目立つ。
(2010.11　諫早市)

↑⑦幼鳥　♀成鳥に似るが, 翼後縁の幅が狭い。体下面に横斑がある個体もいるが小さく, 縦斑のみのものもいる。ろう膜, アイリング, 脚は橙色のものもいるが, 黄色味がつよい個体が多い。
(2010.11　諫早市)

Falco amurensis **アカアシチョウゲンボウ**

↑⑧幼鳥
下面は♀成鳥に酷似するが，頭上は黒味に欠け，風切は全て均質で幼羽。
(2010.11　諫早市)

↑⑨幼鳥
体下面は淡橙色で脇にブーメラン形の横斑，体下面に縦斑がある。
(2010.11　諫早市)

↑⑩幼鳥
バッタを捕らえて運ぶ。上尾筒から尾は青灰色で黒い横斑がある。体下面は白く，黒い縦斑と脇にブーメラン形の小斑がある。(2010.11　諫早市)

↑⑪幼鳥
バッタを捕らえて運ぶ。上尾筒から尾は青灰色で黒い横斑がある。雨覆の上面には淡褐色の羽縁がある。(2010.11　諫早市)

コチョウゲンボウ *Falco columbarius*

大きさ キジバトくらいのハヤブサ類。
特徴 雄は上面が青灰色で、下面は赤褐色。雌と幼鳥は似ており、上面が褐色で下面に縦斑。頬髭は目立たない。
飛び方 地上近くを力強い羽ばたきと滑翔を交えてすばやく飛ぶ。
見られる場所 冬鳥として、全国の農耕地、干拓地に渡来。

↖①♂成鳥
雄は頭上と上面が青灰色で、黒い軸斑がある。体下面は橙褐色で暗褐色の縦斑がある。雌と幼鳥は灰褐色で淡褐色の斑があり、体下面には褐色の縦斑がある。
(2006.11 西尾市)

←②♂成鳥（上面）
橙褐色の後頸以外の上面はほとんど青灰色。風切に黒い横斑。尾先に太い黒帯。
(1993.2 鍋田干拓)

←③♂成鳥
体下面と下雨覆、脛毛は橙褐色。体下面に暗褐色の縦斑。下雨覆に淡色斑。風切下面はパフ白色で黒い横斑が密にある。
(1989.2 富士市)

Falco columbarius **コチョウゲンボウ**

→④♀成鳥（上面）
上尾筒が灰色。頭上から背，翼上面は灰褐色で，淡褐色の小斑がある。風切には淡褐色の横斑がある。尾には暗褐色の横帯が6本あり，先端がもっとも太く，色が濃い。
(2008.12 袋井市)

→⑤♂第1回冬（上面）
背，翼上面は暗褐色。各羽にはまだ淡褐色の斑があり幼羽のままだが，外側次列風切と中央尾羽に青灰色の成羽が生えてきている。
(2006.2 西尾市)

→⑥幼鳥（上面）
背と翼の上面は暗褐色で，背と雨覆の各羽には淡褐色の羽縁がある。風切には淡褐色の斑が横帯状にある。尾には黒褐色とクリーム色の横帯が交互に5本はいる。
(1988.12 豊川市)

→⑦幼鳥
体下面はクリーム白色で，胸から腹に褐色の縦斑がある。脇には横斑。幼鳥は雌成鳥によく似ており，見分けられないことが多い。
(2005.12 西尾市)

チゴハヤブサ　*Falco subbuteo*

大きさ	キジバトより少し大きいハヤブサ類。
特徴	翼が細長く、体も細い。成鳥は下腹と脛毛が赤褐色。
飛び方	獲物に向かって急降下したり、急旋回したりとスピード感にあふれる。
見られる場所	東北中部以北の林で繁殖し、秋には渡りが見られる。

←①♀成鳥
雌雄ほぼ同色。成鳥は上面が暗青灰色か暗青褐色で、頭上に黒味がある。喉から体下面は白く黒い縦斑がある。頸毛、下腹、下尾筒は赤茶色。幼鳥の上面は黒褐色味が強く、各羽に淡褐色の羽縁がある。
（2002.5　旭川市）

②♂成鳥
赤褐色の脛毛が見えないと雌雄の識別はできないが、この個体は飛び立つ前に無斑の脛毛が見えた。
（2006.6　旭川市）

↑③♀成鳥
体下面の黒い縦斑は太い。翼は細長く、先が尖っている。雌の赤茶色の脛毛には黒くて細い縦斑がある。
（2006.5　旭川市）

Falco subbuteo **チゴハヤブサ**

④♂成鳥
翼は細長く、先がとがっている。体下面は白く、黒い縦斑があり、赤褐色の脛毛は無斑。(2009.7 旭川市)

⑤♂第2回秋
P4~8と中央尾羽が新羽。このカットではわからないが、脛毛の赤茶色の縦斑が見えたので♀。
(2011.9 伊良湖岬)

↑⑥幼鳥（上面）
上面は黒褐色で背、雨覆、風切、上尾筒の羽先に淡褐色の羽縁がある。ハヤブサ類中、翼が最も細長く先が尖っており、アマツバメのような飛形となる。
(2009.10 伊良湖岬)

↑⑦幼鳥
幼鳥の下腹と脛毛、下尾筒には赤味がなくバフ色である。ろう膜とアイリングは青灰色で成鳥とは異なる。(2009.10 伊良湖岬)

シロハヤブサ *Falco rusticolus*

大きさ ハヤブサ類中最大。
特徴 胴体が太く，翼の幅が広い。色彩の変異が大きく，淡色型，中間型，暗色型がある。
飛び方 羽ばたきと滑翔を交えて直線的に飛ぶ。獲物を追うときは深くて速い羽ばたきとなる。
見られる場所 冬，主に北海道の海岸，原野に少数が渡来。

←①淡色型♀成鳥
全身白く，背，肩羽，雨覆，上尾筒に黒褐色の小斑がある。虹彩は暗色。アイリングは黄色。
(1994.2 森町)

←②淡色型♀成鳥（上面）
上面は背から上尾筒までと，翼上面に黒褐色の小斑があり，翼先は黒い。
(1994.2 森町)

←③淡色型♀成鳥
胴体が太く翼幅が広い。翼先が暗褐色で風切の先に暗褐色の小斑。上尾筒にも暗褐色の小斑。頬ひげはない。①②とは同一個体。(1994.2 森町)

Falco rusticolus シロハヤブサ

↑④中間型♂成鳥(上面)
背,雨覆,風切,尾,上尾筒は暗青灰色で白い横斑がある。顔には灰白色の長い眉斑があり,虹彩は暗色。頬ひげは細い。(1999.12 森町)

↑⑤中間型♂成鳥
体下面や翼下面は全体に白く,脇と脛毛に暗色の横斑がある。風切と尾に暗灰色の横斑がある。(1999.12 森町)

↑⑥中間型幼鳥? 翼上面は暗褐色と淡褐色の横縞。背,上尾筒と尾は暗褐色の横帯。体下面には褐色の細い縦縞があった。全体に褐色味が強かったので幼鳥かもしれない。(1984.1 根室市)

↑⑦中間型幼鳥
体下面や下雨覆には褐色味があり,淡褐色の斑がある。性は不明。(1984.1 根室市)

ハヤブサ *Falco peregrinus*

大きさ 雌はハシボソガラスくらいの大きさのハヤブサ類。

特徴 成鳥の下面は白く横縞があり，幼鳥には縦斑がある。

飛び方 獲物を追うときは深くて速い羽ばたきで，急降下の時には翼をすぼめて逆三角形になる。

見られる場所 九州以北で繁殖し，冬は全国の海岸や農耕地に現れる。

←①♂成鳥
雌雄ほぼ同色。成鳥は背，雨覆，尾まで暗青灰色で，頭部は黒味が強い。幼鳥の上面は暗褐色。成鳥の下面は白く横斑があるが，幼鳥の下面は淡褐色かバフ色で暗褐色の縦斑がある。（1990.5 山形県）

↑②♂成鳥（上面）
上面は全体に暗青灰色だが，頸部は黒味が強く，上尾筒は淡い。雄の尾の横斑は細く，中央尾羽が不明瞭。（1989.4 山形県）

↑③♂成鳥
雄の胸は無斑か小さいため白く見える。腹の中央の斑も小さく丸い。翼や体の下面全体に細かい横斑。胴体は雌より細め。（1990.5 山形県）

Falco peregrinus **ハヤブサ**

↑④♀成鳥（上面）
翼上面は雄より褐色味がある。尾の横斑は雄より太く，中央尾羽で途切れることなく横帯状になる。（2005.5　対馬）

↑⑤♀成鳥　体下面の横斑は腹中央までおよぶ。胸の斑は小さい縦斑である。ろう膜，アイリング，足が黄色。（2005.5　対馬）

↑⑥幼鳥（上面）
上面は全体に暗褐色で，肩羽，小・中雨覆の各羽に淡褐色の羽縁がある。ろう膜と嘴基部は灰色。（2007.1　灘崎町）

↑⑦幼鳥　体下面は淡褐色で暗褐色の縦斑がある。風切下面は暗褐色で淡褐色の横斑がある。尾の下面は灰褐色で淡灰褐色の横斑がある。（2007.10　田原市）

ハヤブサ *Falco peregrinus*

←⑧亜種
シベリアハヤブサ成鳥
体下面は淡橙色を帯び，中央の黒斑を除いて横斑。ハヤブサ髭は太く，頬も暗色を帯びている。
(2008.2　斐川町)

←⑨亜種
シベリアハヤブサ成鳥
ハヤブサ髭が太く，頬も暗色のため，頭部全体が黒く見える。
(2008.2　斐川町)

←⑩亜種シベリアハヤブサ第2回冬（上面）
頭上から背と小雨覆は暗青灰色で，大雨覆や風切は褐色味を帯びる。
(2008.12　浅羽町)

Falco peregrinus **ハヤブサ**

→⑪**亜種シベリアハヤブサ成鳥**
シベリア北東部に生息する亜種。ハヤブサ髭が太く,体下面に赤味がある。
(2008.1　浅羽町)

→⑫**亜種シベリアハヤブサ第2回冬(上面)**
背と雨覆,上尾筒,次列風切の大部分は暗青灰色の成羽に変わっている。上尾筒も青灰色の成羽になっている。
(2008.1　浅羽町)

→⑬**亜種シベリアハヤブサ第2回冬**
体下面と下雨覆は褐色味を帯び,暗褐色の横斑は少ない。⑫と同一個体。
(2008.1　浅羽町)

ハヤブサ *Falco peregrinus*

←⑭亜種
ウスハヤブサ成鳥
ハヤブサの亜種の中で最も淡色。飛翔中の下面からは，細くて長いハヤブサ髭以外は顔から胸まで白く見える。
(2011.10　伊良湖岬)

←⑮亜種
ウスハヤブサ幼鳥
極北部に生息する亜種。ハヤブサ髭は細い。体下面は淡く，全体的に縦斑は細い。白い眉斑は長く，後頭部で左右がつながっている。
(2006.11　伊良湖岬)

←⑯亜種
オオハヤブサ幼鳥
アメリカ大陸の北西部から千島列島にかけて生息する暗色の亜種。幼鳥は前頸から体下面全体に暗褐色の縦斑がある。
(2010.11　田原市)

種名	全長(cm) 翼開張(cm)	翼先の突出 ・分裂数	飛翔形	ページ
ミサゴ	56.0-61.5 147.0-168.5	5 or 4	翼は非常に細長く、尾は短かめに見える。	6
ハチクマ	57.0-60.5 121.0-135.0	6	翼と尾は幅広く、長い。頭部は細長く突出している。	8
クロハゲワシ	100.0-110.0 250.0-295.0	8	翼は非常に長く、幅も広い。尾は短い。巨大な鳥。	19
トビ	58.5-68.5 157.0-162.0	6	翼と尾は長い。尾は凹型だが、開くとバチ形になる。	20
オジロワシ	75.5-98.0 199.0-228.0	7	翼は幅広で長く、前縁と後縁は平行。尾はくさび形で短い。	22
オオワシ	88.0-102.5 221.0-244.0	7 or 6	翼の後縁はふくらむ。尾はくさび形で長い。頭部は細長く突出。	24
カンムリワシ	53.0-55.0 120	6 or 7	翼は幅広く、先が丸い。尾は短い。	26
チュウヒ	48.0-58.0 113.0-137.0	5	翼と尾は細長い。翼の前縁と後縁はほぼ平行。頭部の突出が大きい。	28
ハイイロチュウヒ	43.0-53.5 98.5-123.5	5	翼は長く、後縁が少しふくらむ。尾は長く丸い。	35
マダラチュウヒ	41.5-46.5 104.0-115.5	5	翼と尾が細長い。尾先は丸い。日本のチュウヒ類では最も小さい。	38
アカハラダカ	25.0-35.5 –	4	翼は細長く、先が少し尖って見える。飛翔形はサシバに似る。	42
ツミ	25.0-31.5 51.5-62.5	5	翼は幅広で短め。尾は長い。飛翔形はオオタカに似る。	46
ハイタカ	30.0-40.0 60.5-79.0	6	翼はやや幅広い。ツミやオオタカに比べ、スリムに見える。	48
オオタカ	47.0-59.0 106.0-131.0	6	翼は短めで後縁がふくらむ。尾は長く丸尾。胴体は太め。	53
サシバ	47.0-51.0 102.5-115.0	5	翼は細長く、先が少し尖っている。尾は中くらいの長さで角尾。	56
ノスリ	50.5-59.5 122.0-137.0	5	翼は長く幅広。尾は少し短く、丸尾。	58
オオノスリ	61.0-72.0 ♀ 158.0	5	翼は長く幅広。尾は丸尾。胴体が太い。ノスリより大きい。	62
ケアシノスリ	53.0-60.5 129.0-143.0	5	翼は長く幅広。尾は丸尾。ノスリより少し大きい。	66
カタシロワシ	72.5-83.5 190.0-211.0	7	翼は長く、前縁と後縁はほぼ平行。	69
カラフトワシ	65.0-73.0 158.5-182.0	7	翼は幅広く長い。尾は短く見える。	70
イヌワシ	78.5-91.5 167.5-213.0	6 or 7	翼は細長く見え、後縁が少しふくらむ。尾は長く、丸尾。	72
クマタカ	70.0-83.0 140.0-165.0	7	翼は幅広く、後縁は極端にふくらんでいる。翼先も丸みがある。	74
チョウゲンボウ	33.0-38.5 68.5-76.0	–	日本のワシタカ類中、最も尾が長く見える。	77
アカアシチョウゲンボウ	27.0-30.0 70.5-72.0	–	飛翔形はチゴハヤブサに似るが、翼先の尖りは小さい。	81
コチョウゲンボウ	27.5-34.0 64.0-73.5	–	飛翔形はハヤブサに似るが、尾は少し長い。	84
チゴハヤブサ	32.0-37.0 72.0-84.0	–	翼が細長く先が尖り、胴体が細いため、遠目にはアマツバメのように見える。	86
シロハヤブサ	50.0-61.0 110.0-130.0	–	翼は幅広く、短く見える。大形のハヤブサで、胴体が非常に太い。	88
ハヤブサ	38.0-51.0 84.0-120.0	–	翼が長く、先が尖る。胴体が太い。	90

※この表は『図鑑日本のワシタカ類』を基に作成。「飛翔形」は雄成鳥を示す。

【参考文献】
出 版
「日本の鳥550　山野の鳥」五百沢日丸／解説　山形則男，吉野俊幸／写真　文一総合出版（2000年）
「日本の野鳥590」真木広造／写真　大西敏一／解説　平凡社（2000年）
「タカの渡り　観察ガイドブック」信州ワシタカ類渡り調査研究グループ／著　文一総合出版（2003年）
「山渓ハンディ図鑑7　日本の野鳥」叶内拓哉／写真・解説　安部直哉／分布図・解説　上田秀雄／解説（鳴声）山と溪谷社（1998年）
「図鑑　日本のワシタカ類」森岡照明，叶内拓哉，川田隆，山形則男／著　文一総合出版（1995年）

雑 誌
「BIRDER」2002年10月号　特集：飛んでるタカを見分けよう！　文一総合出版
「BIRDER」2004年10月号　特集：渡りゆく鷲鷹よ，また会おう！　文一総合出版
「BIRDER」2006年10月号　特集：ハチクマの八不思議　文一総合出版

洋 書
'Raptors of the World'. James Ferguson-Lees, David A. Christie. Princeton University Press, Princeton, 2005.

【写真提供者（五十音順，敬称略）】
橋口範安／アカアシチョウゲンボウ　　所崎聡／マダラチュウヒ
藤目仲生／ハイイロチュウヒ　　　　　中嶋健二／クロケアシノスリ

【本書中の町や山，島等の所属する県について】（○○市等，知名度の高いものは除く）

阿寒町／北海道　　　　　北上川河口／宮城県　　　七会村／茨城県
旭日岳／北海道　　　　　国頭村／沖縄県　　　　　鍋田干拓／愛知県
浅羽町／静岡県　　　　　幸町／愛知県　　　　　　母島／東京都
石垣島／沖縄県　　　　　白樺峠／長野県　　　　　平戸島／長崎県
伊豆沼／宮城県　　　　　森町／北海道　　　　　　福江島／長崎県
伊良湖岬／愛知県　　　　竜飛崎／青森県　　　　　藤岡町／栃木県
笠岡干拓／岡山県　　　　多野島／沖縄県　　　　　舳倉島／石川県
河北潟／石川県　　　　　対馬／長崎県　　　　　　弥富町／愛知県
河北町／山形県　　　　　角島／山口県　　　　　　横島町／熊本県
川北町／石川県　　　　　灘崎町／岡山県　　　　　羅臼町／北海道

表紙画像
一段目　左：ミサゴ♂成鳥　　　　中央：ハチクマ♂成鳥中間型　　右：トビ第3回冬？
二段目　左：オジロワシ成鳥　　　中央：チュウヒ♂成鳥　　　　　右：ハイイロチュウヒ♂成鳥
三段目　左：アカハラダカ♀　　　中央：オオタカ♂成鳥　　　　　右：サシバ♂成鳥
四段目　左：ノスリ♀成鳥　　　　中央：ケアシノスリ♂成鳥　　　右：イヌワシ成鳥
五段目　左：クマタカ成鳥　　　　中央：チョウゲンボウ♀成鳥　　右：チゴハヤブサ♂成鳥

裏表紙画像
アカハラダカの渡り（2006.9　対馬　内山峠）

扉画像（上から）
ハチクマ♂成鳥（2010.5　渥美半島），ハイタカ幼鳥（2010.3　田原市），
サシバ♂第2回春（2012.4　渥美半島）